每天都能用到的
创意手工生活小杂货

零针线也能玩的
创意手工

（日）长谷惠　著

刘晓冉　译

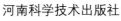

河南科学技术出版社
·郑州·

前言

丝带、不织布、串珠等材料，

加上熨斗等工具便可简单制作的艺术气息的热转印画……

使用这些手边材料来改造生活中的小杂货，

生活也变得更美好了。

只需一个小小的创意，

你的独特个性就可以完美展现。

不要说做不到，要知道这是很简单的事情哟！

完全看你怎么玩啦！

现在，就请翻开这本书，

相信你一定能从中有所发现，

设计出属于自己的绝妙创意。

长谷惠

目录

制作简单
用热转印画制作的创意手工 ················ 4

生活小杂货

晾衣架 ································· 14
纸巾盒 ································· 16
装饰球 ································· 18
年糕和兔子摆件 ························· 21
渐变花瓣装饰树 ························· 24
欢迎门牌 ······························· 26
杯垫 ··································· 28
手镜 ··································· 29
相框 ··································· 30
烛台架 ································· 31
帽子/蔬菜塔 ··························· 32

文具

书套/书签 ····························· 34
记事本 ································· 36
圆珠笔 ································· 37
铅笔盒/笔筒 ··························· 38
贺卡 ··································· 39
磁铁 ··································· 40
剪刀 ··································· 41
胶带座/转笔刀 ························· 42

首饰

球球装饰花 ····························· 44
多层装饰花 ····························· 46
百褶装饰花 ····························· 48
渐变花瓣装饰花 ························· 50
蔬菜胸针/水果胸针 ····················· 51
编织手机链 ····························· 54
圆球手机链 ····························· 56
圆球项链 ······························· 57
梳子形发夹 ····························· 57
发卡 ··································· 58
发夹 ··································· 59
发绳 ··································· 60
发圈 ··································· 61

甜点

圣代 ··································· 64
蛋糕 ··································· 66
夹心巧克力 ····························· 70
日式点心 ······························· 72

关于使用的丝带 ························· 73
常用的丝带打结方法 ····················· 76
工具 ··································· 77
搭配材料 ······························· 78

※本书作品中作为材料使用的丝带，都仅供参考。丝带的颜色和图案等可以根据自己的喜好进行选择
※本书中的丝带和材料名后面记载的数字，是日本青山股份有限公司的商品号和色号

"热转印画"只需用熨斗熨烫就能轻松完成粘贴。

将它们贴在家中的任意物品上，

看似平凡的小物瞬间就变成主人专属风格的独特物品。

起居室

作品1 靠垫

在素色的靠垫套上粘贴大量的花朵图案。红色靠垫的设计就像做了一个花环。白色靠垫的设计是在篮子里摆上了各种花。

作品2 裙子

在裙摆的大褶上，粘贴交错的向日葵，上面粘贴优雅飞舞的蝴蝶。在夏日的阳光下穿上这条裙子，一定显得精神又得体。

作品3 背包

在布制的简易背包上再现繁茂的花园。自由发挥想象来制作，如蝴蝶在花丛中翩翩飞舞的设计等。

作品4 水壶和迷你水桶

热转印画可以贴在铝、白铜等材质的物品上。买到的便宜小物，也能变得格外漂亮啦。

作品5 镜框

在制作作品时剩余的布头、餐布上将热转印画贴好，装入镜框作为装饰。一件小小的艺术品就这样诞生了。

餐厅

作品1 桌布

在洁白的桌布上粘贴上蓝色的玫瑰，布置出一个清爽浪漫的餐厅。将一朵一朵玫瑰呈环状排列在桌布上。

作品2 餐巾

将和桌布配套的蓝玫瑰贴在餐巾上。餐巾折叠好时，玫瑰刚好在正面。

作品3 围裙

热转印画贴在款式不同的两件围裙上。重点是选用洁净感十足的纯白色围裙。

卧室

作品1 拖鞋

层层叠叠粘贴了大量的花朵，看起来就像贴画。对应左右脚，可以尝试粘贴略有不同的图案。

作品2 窗帘

在轻薄的窗帘上粘贴上不同颜色的玫瑰，制成华美的装饰物。整个房间都融入了华丽的氛围中。

作品3 床罩/枕套

在床罩这样大面积的物品上，只要按照一定的规律摆放好图案，就会出现很漂亮的装饰。

作品4 盒子

盒子便于整理各种小物。如用装点心的硬实的空盒子制作，便可以长期使用。

厨房

热转印画可以贴在厨房里的瓶子上。
在装意大利面或果酱的各种瓶子上，
试着粘贴上热转印画作为装饰吧。

儿童房

被套和枕头 让孩子做个好梦！怀着这样的愿望，在被套和枕套上贴满热转印画吧。

T恤 在素色的T恤上粘贴上大量的热转印画。作为孩子的衣服，热闹的气氛比单一图案更能吸引他们。

束口袋 只需用很短的时间，买来的束口袋就能摇身一变，成为妈妈的手工制品。在束口袋上粘贴大量的热转印画，显得活泼热情。

镜框 为孩子挑选喜欢的图案，将这些图案贴在白布上，装入镜框，用来装饰孩子的房间再好不过了。

热转印贴布画的粘贴方法

热转印贴布画用熨斗就可以粘贴，下面就介绍一下热转印贴布画的粘贴方法。

揭取的时候要注意

热转印贴布画类似于贴画。
使用时，要将粘贴的画从薄膜上慢慢地揭下来。
花茎这类细小的地方揭取时，
要注意不要扭断。

粘贴方法的顺序

单一图案粘贴

1. 将揭下的热转印贴布画放在要粘贴的位置。

2. 在一件物品上粘贴多个热转印贴布画时，需注意整个作品的平衡性。

3. 用130℃（中间刻度）的熨斗，用力压住约5秒钟。

要点

电熨斗不要使用蒸汽！

叠加粘贴

1. 排列热转印贴布画。比起分散排列，用各种各样的花朵制作花朵图案，紧凑密集的形式效果更好。

2. 沿热转印贴布画的外侧开始，轻轻按压电熨斗。

3. 将电熨斗压在图案上。

4. 层层叠叠地粘贴会呈现出凹凸感，看起来就像刺绣作品一般。

生活小杂货

生活中常用的小杂货，小到晾衣架、纸巾盒等日用品，大到节日装饰、欢迎门牌等特殊物品，都可以用丝带装饰起来。

晾衣架

把刚买回的铁丝晾衣架打扮一番。
为了使丝带易于缠卷，
需使用管状的捆包材料——泡沫管。

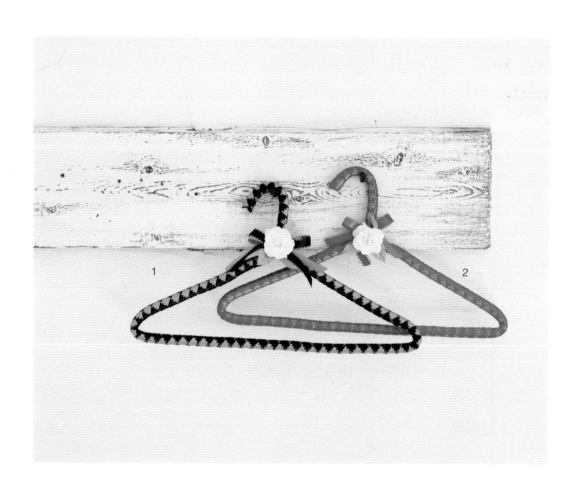

材料

❀ 丝带
作品1：●羽毛花边（6782-22·10）
作品2：●羽毛花边（6782-15·26）

❀ 搭配材料
泡沫管、玫瑰花、玫瑰叶

╱╲ 制作方法 ╱╲

1 将泡沫塑料从中间切开。

2 在晾衣架上粘贴双面胶。

3 将晾衣架插入泡沫塑料切开的部分。

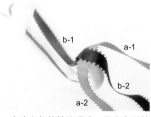

4 在晾衣架的挂钩顶端，呈十字形粘贴双色的丝带（a、b）。

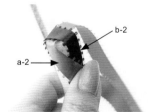

5 将a-2交叉压在b-2上。

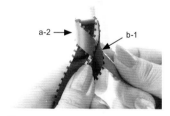

6 再将b-1交叉压在a-2上。

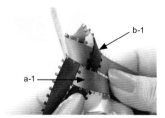

7 将a-1交叉压在b-1上。

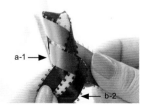

8 将b-2交叉压在a-1上。重复步骤5~8，直到将晾衣架全部覆盖。

15

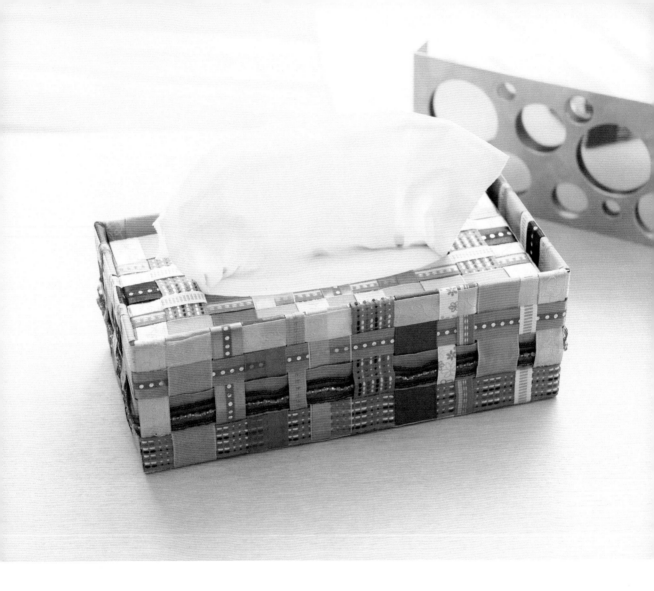

纸巾盒

用编织丝带的方法来装饰透明的纸巾盒。
如果你有很多剩下的丝带边角料，
就把它们有效地利用起来吧。

❦ 丝带
- ●宝玲带铁丝（3148－26）
- ●水晶珠丝带（9757－39）
- ●卢浮宫（9109－25・38・40）
- ●桃心提花（0213－78）
- ●花朵棱纹（0381－14）
- ●雷迪阿斯（9773－26・37）
- ●舞步条纹带铁丝（3118－26・37）
- ●闪耀粉红（0398－26・37・40）
- ●条纹棱纹（0380－23・37）

材料

制作方法

1 在纸巾盒的盒体内侧（如图所示位置）粘贴双面胶。

2 将双面胶的胶纸揭下，丝带的顶端贴在双面胶上。要在纸巾盒内侧全部粘贴上丝带。

3 在纸巾盒外侧两边的上部粘贴双面胶，揭下胶纸粘贴丝带。

4 将步骤3和步骤2的丝带相互叠压编织。

5 变换丝带的种类，横向编织。纵向和横向的丝带要交叉美观，编织时需注意比例平衡。

6 编织完成，如图所示。

7 盖子部分的方法与盒体编织方法相同。

8 为了让盖子看起来更漂亮，最后用双面胶粘贴，再围上一圈丝带。

装饰球

在白色泡沫球上粘贴丝带制成，或是使用透明球制作而成。
可以悬挂在任何地方，随风轻轻飘荡煞是可爱。

材料

❀ 材料
- 阿森（3194-05）●又露拉多（9094-03）
- 玛索爱（3147-05）●闪耀粉红（0382-05）
- 昂西亚露露（3240-05）●玻璃纱方格（0349-44）
- 花园叶子（3380-01）●海石竹（3219-05）
- 王冠带子（2615-075）●王冠带子（2613-075）
- 水玉印花（9123-05）●琳达带铁丝（3146-01）
- 暮色带子（1346-05）●王冠带子（2614-044）
- 王冠带子（2612-044）●桑戴扣雷特（1344-05）
- 3mm 双面带子（1267-10·05）

❀ 搭配材料
- 白色泡沫球 8cm（1093-00）●白色泡沫球 15cm（1094-00）
- 藤蔓玫瑰（4809-01）

在丝带的里侧粘贴双面胶，然后只要一片一片地贴在白色泡沫球
上就制作完成了。要点是在粘贴丝带时，必须通过下面的中央。
只要遵循这个方法，就能贴出漂亮的线条。

1

2

❀ 丝带

材料

作品1：●谢阿带子（0219-37）
- 露阿露2带铁丝（9044-37）
- 春日集合（0393-37）
作品2：●谢诺斯雷特（0203-26）
- 0.3cm 双面带子（1267-37·47）

❀ 搭配材料
- 透明球 16cm(6596-00)●保鲜干花

一分为二的透明球。将两
部分合拢便成为一个完整
球体。

将搭配有很多蝴蝶结的保鲜干花放入透明球，
在球体上部装饰多层蝴蝶结。

用圣诞风格的丝带制作的装饰球，也是圣诞树上很好的装饰物。在白色泡沫球上做出切口，将丝带埋入切口即可。

P19 装饰球

材料

❦ 丝带
- 伊补利奴颇因塞其阿（9152-07）
- 立体红（9163-24）
- 纯棉全装饰（0041-57）/其他
- 双面带子（1267-16）
- 金丝两面珍珠带子（1736-16）
- 马斯卡斯（3078-16）

作品2：球体部分
- 白雪森林（9153-11）
- 绿底金色叶子（9163-27）
- 纯棉全装饰（0041-11）/其他
- 双面带子（1267-05·10）
- 金丝两面珍珠带子（1736-10）
- 水晶珠丝带（9757-05）

❦ 搭配材料
- 白色泡沫球 8cm（1093-00）
- 果实
- 柊树叶
- 金银丝迷你球（4325）

1 在白色泡沫球上刻出6等分的标记。

2 准备好15cm长的丝带，每种各2片。

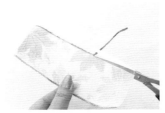

3 将丝带上带铁丝的部分剪掉。

4 在丝带背面涂上黏合剂，并用牙刷刷匀。

5 将丝带贴在泡沫球的1个面上，边缘部分用锥子压进刻痕中。

6 将丝带边缘部分压进刻痕里时，注意锥子的使用方法，要横着压，如果竖起来会把丝带戳破。

7 同样的方法将泡沫球的6个面全部用丝带贴好、压好后，再用热熔胶枪粘好装饰物，就完成了。

年糕和兔子摆件

在泡沫塑料的模型上粘贴丝带制成的年糕
和兔子摆件。比起制作真正的年糕，用丝
带制作要简单得多！

21

材料

❀ 丝带
年糕●贴纸隐条（0047-01）
橘子●新丝绸光泽（0066-41·63）●纯棉全装饰（0041-41）

❀ 搭配材料
●年糕模型 No.2（2122-00）●铁丝 ●礼品绳

叶子的纸型

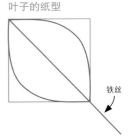

铁丝

制作方法

1 准备好年糕状的泡沫塑料。根据年糕和橘子的大小剪裁丝带备用。大号年糕准备贴纸隐条20cm1片（A）、18cm2片（B）。小号年糕准备贴纸隐条15cm2片。橘子准备新丝绸光泽10cm2片（C）。

2 在A的背面涂上胶水，用刷子涂满。将A覆盖在大号年糕正面的中央，边拉伸边粘贴。

3 丝带的两端折向背面。

4 B的背面涂上胶水，在步骤2中材料的上下两侧，各拉伸粘贴1片。

5 表面覆盖上丝带，调整平整。

6 年糕背面多余的丝带剪掉。小号年糕模型只在上、下粘贴2条丝带，其余制作方法与大号年糕相同。

7 将2片C用胶水呈十字形粘贴。将橘子模型放在中央，包起来。

8 橘子叶子按纸型从丝带上剪裁。在铁丝上涂抹胶水，将丝带卷贴在铁丝上（茎）。叶子和茎用胶水粘贴。

9 大小两个年糕用热熔胶枪粘贴在一起。橘子也用同样方法粘贴。

10 在橘子的上部用热熔胶枪粘贴步骤8中制作的叶子，礼品绳打结，制作完成。

P21兔子摆件

材料

✂ 丝带
●贴纸隐条（0047-01）●新丝绸光泽（0066-01）

✂ 搭配材料
●蔬菜模型（笋·白菜）（067-00）
●白色泡沫塑料球1.2cm（1085-00）●水晶珠 ●礼品绳

耳朵的纸型   铁丝

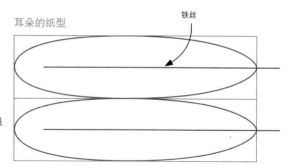

制作方法

1
准备兔子躯干部分的模型。按照躯干尺寸剪裁贴纸隐条21cm（A）。

2
为了平稳，要将兔子下部的一部分去掉切平。剪裁一片与贴好的一面相同形状的贴纸隐条（B）。

3
在A背面涂抹胶水，将躯干的尖端放在中央，沿躯干将A向两侧折叠黏合。

4
拉伸A两端的同时，贴合躯干的隆起粘贴。

5
将多余的部分剪掉。

6
为了突出绒毛的质感，用湿毛巾将丝带打毛。

7
制作耳朵。将两种丝带剪裁成一半宽度、7.2cm长。将剪裁好的两片丝带中间夹铁丝粘合。

8
按纸型剪出耳朵。

9
用手弯曲丝带，做出耳朵微妙的弧度。

10
两只耳朵制作完成。

11
制作尾巴。将贴纸隐条裁成长3.6cm的正方形。背面涂抹胶水，在中央包住白色泡沫塑料球。剪掉多余的丝带。

12
剪好的B用胶水贴在躯干的下面。

13
在耳朵的部分确定位置，用锥子扎洞。

14
将步骤10中制作耳朵的铁丝部分涂抹胶水，插入洞内。

15
将步骤11中制作的尾巴用胶水粘在躯干上。

16
用热熔胶枪将作为眼睛的水晶珠粘贴好。

17
可爱的兔子制作完成。

渐变花瓣装饰树

因为是用"渐变花瓣丝带"制作的，所以叫渐变花瓣装饰树。摒弃"装饰树=圣诞树"的固定观念，用渐变花瓣装饰树来装点四季吧。

1

2

❀ 丝带

作品1：
● 渐变花瓣丝带（2158-01）
● 王冠带子（2612-26）
● 水果奶油布丁 带铁丝（3198-14）
● 卢浮宫 带铁丝（9109-14）
● 珍珠花边（0341-00）
● 小花蕾丝（0377-01）

作品2：
● 渐变花瓣丝带（21858-01）
● 王冠带子（2612-053）
● 花式珍珠（2142-43）

❀ 搭配材料
● 蕾丝杯（4815-04）
● 欢乐玫瑰（4458-14）
● 手工铁丝
● 保鲜干花

1 在手工铁丝上粘贴双面胶。

2 揭下双面胶的胶纸，将丝带覆盖在手工铁丝顶端，粘贴丝带。

3 将丝带一直缠到手工铁丝下端。

4 抽紧渐变花瓣丝带两端的绳子，使其弯曲。

5 将绳子在丝带的顶端打结。

6 使用热熔胶枪，将步骤5的成品呈螺旋状贴在步骤3缠好的铁丝上。

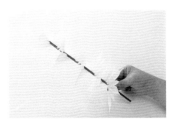

7 装饰树的主干制作完成。在装饰树主干和底部搭配丝带和干花，可以发挥想象力自由组合。

欢迎门牌

即使是在家里举办小型聚会，只要装饰这样的欢迎门牌，很正式的感觉便油然而生。可以制作多层蝴蝶结来装饰它。

Welcome
to the
Home
Party

材 料

✄ 丝带
● 玛够（9035-02）

✄ 搭配材料
● 蔬菜套盒2（4019-00）
● 铁丝

制作方法

1 制作多层蝴蝶结。尾部约留出6cm拿在手里，将丝带向后折，做一个圆环。

2 将后面的丝带半翻转，拧至正面，与前面的丝带叠压，露出正面。

3 在步骤2的另一侧，重复步骤1~2，做一个圆环。

4 用同样的方法，左右交叉，制作出更多的圆环。

5 将圆环制作到需要的数量，将丝带剪断。圆环的数量越多，显得作品越华丽。

6 在中央放上铁丝，向后折成U形。

7 拧紧铁丝，固定丝带。

8 将多余的铁丝剪断，多层蝴蝶结就制作完成了。将多层蝴蝶结和蔬菜套盒2一起，粘贴在成品的欢迎门牌上。多层蝴蝶结制作时将尾部延长，会有一种微妙的蔓延感。

杯垫

使用丝带边角料就可以编织杯垫。
使用的丝带可以是任何自己喜欢的风格。
使用同色系的各种丝带制作一个杯垫，也许会减小搭配的难度。

材料

❀ 丝带
- 绒毛大地（9781-14）
- 水玉印花带铁丝（9123-26）
- 格子（9770-21·26）
- 双色迷你水玉（9710-14）
- 随意雏菊（9709-52）
- 谢阿带子（0218-14·17）
- 蕾德阿斯（9773-26）
- 迷你水玉段子（1472-23）
- 金丝两面珍珠带子（1736-47）

❀ 搭配材料
- 纸板

制作方法 ※基本与P16的纸巾盒制作方法相同

1
在剪成杯垫形状的纸板上，用纵横交叉叠压的方法编织丝带。

2
另外准备一片剪成杯垫形状的纸板。在圆周贴上双面胶，再来粘贴装饰用丝带。

3
步骤1与步骤2的完成品背面相对，用双面胶粘贴合并。

手镜

手镜上布满了用热熔胶枪粘贴的花朵。装饰在手镜上的蝴蝶结好像蝴蝶一般，要从花丛中扑啦啦飞出来了。用较宽的丝带随手打的结，显得华丽无比。

材料

❀ 丝带
作品1：●梦幻丝网带铁丝（1946-03）●0.3cm 双面带子（1267-07）
作品2：●梦幻丝网带铁丝（1946-03）●金丝玻璃纱带铁丝（1705-38）
●卢浮宫带铁丝（9109-50）●花朵棱纹（0381-37）●春日集合（0393-37）

❀ 搭配材料
作品1：●欢乐玫瑰（4458-32）作品2：●黑玫瑰（6288-33）

相框

回忆也要用丝带装饰。祝贺结婚、入学、毕业等纪念日时，
将纪念照片放入相框就成了很有意义的礼物。

材料

❧ **丝带**

作品1：●贴纸蕾丝美女（2160-01）●贴纸蕾丝曙光（2159-01）
●贴纸重复花式桃心（2184-02・09・494）
●贴纸小花朵（2192-14）●卢浮宫带铁丝（9109-14）
●小花蕾丝（0377-14）●阳光线（0230-23）●昂杰罗（9600-00）
●水晶珠丝带（9757-37）●保持音细线（9245-01・14・65）
作品2：●绿色藤蔓（2134-05・10・41）
●编织方格花布（1761-04・05・10・22・32・82）●圆圈细线（2186-05）
●闪耀粉红（0398-05）●糖果格子（1443-05・10）
●花朵棱纹（0381-05・22）●保持音细线（9245-07・65）

❧ **搭配材料**

作品1：●花蕾玫瑰（6228-14）●欢乐玫瑰（4458-14）

用丝带将图片围绕起来。细线形的丝带可以做成圆形，
像剪贴画一般好玩。

材料

❧ **丝带**
●玻璃纱方格（3271-71）
●珍珠玻璃纱（9763-21）
●散边玻璃纱（395-19）
●马德拉・带铁丝（3077-01）

❧ **搭配材料**
●藤蔓玫瑰（4809-20）●干燥水果
●干燥树果实

在天然氛围的相框上，使用了加入玻
璃纱、珍珠元素等小物的华丽丝带。

烛台架

在剪下的渐变花瓣丝带上装饰保鲜干花，
花朵间插入蝴蝶结。渐变花瓣丝带参差不
齐的花瓣成了蜡烛台的亮点。

材料

✄ 丝带
● 渐变花瓣丝带（2158-01）
● 波浪条纹（3188-01）
● 花朵棱纹（0381-33）
● 圣马力诺（9101-16）

✄ 搭配材料
● 保鲜干花

帽子

把帽檐宽大、设计简单的帽子尽情地装饰了一番。在各种花之间插入了长尾的蝴蝶结。

材料

❧ 丝带
● 贝鲁特（9125-01）

❧ 搭配材料
● 玫瑰丛（4799-18）
● 藤蔓玫瑰（4809-01）

蔬菜塔

在桃心的长棒上粘贴各种蔬菜便成了蔬菜塔。在蔬菜间使用丝带来增加亮点。

材料

❧ 丝带
● 王冠带子（2613-075·079·003·016）

❧ 搭配材料
● 蔬菜套盒Ⅱ（4091-00）
● 桃心装饰片（4786-00）

文具

铁质的铅笔盒上布满蕾丝和玫瑰，为其穿上百褶裙……再普通不过的文具，因有丝带的装点而充满了浪漫气息，让人爱不释手。

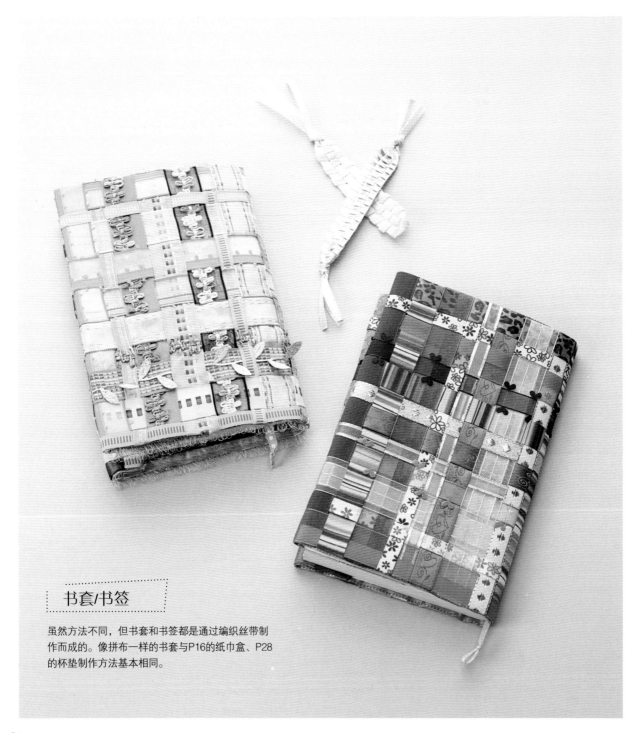

书套/书签

虽然方法不同，但书套和书签都是通过编织丝带制作而成的。像拼布一样的书套与P16的纸巾盒、P28的杯垫制作方法基本相同。

材料

❀ 丝带
●斑马带铁丝（3107-21）●圣乔治带铁丝（9097-01）●马德拉带铁丝（3077-02）
●桃心玻璃纱（1613-21）●单边刺绣（0227-21）●条纹棱纹（0380-21）
●桃心玻璃纱（1613-21・43）●派尼莱茵（0298-20）●编织中央格子带铁丝（3018-21・93）
●小花蕾丝（0377-20）●金色水玉（0401-04）●玛丽埃带铁丝（3147-43）
●玻璃纱方格（0349-53）●伊库西兹（1467-21）●卢浮宫（9109-35）

❀ 搭配材料
用作书套底层的透明塑料纸

╲ 制作方法 ╱

1
用透明塑料纸制作书套的底层。也可以用市场上销售的布质书套。

2
书套底层的背面边缘全部粘贴双面胶。揭下双面胶的胶纸，粘贴丝带的顶端。

3
纵横交错叠压编织。

4
编织完成，如图所示。

5
为了使边缘部分看上去更美观，最后用双面胶粘贴一圈丝带。

书签

材料

❀ 丝带
●珍珠花边（0341-14・37）
●薄纱花边（0341-01・03）

╲ 制作方法 ╱

1
裁剪丝带。作为中央颜色的丝带要剪长一些。这里以黄色丝带为例。

2
两根丝带呈十字交叉。

3
将黄色丝带向上折。

4
将右侧的白色丝带压住步骤1中的黄色丝带。

5
将右侧的黄色丝带向回折，从"白色上、黄色下、白色上"通过。

6
将在步骤5中通过的黄色丝带向回折，从"白色下、黄色上、白色下"通过。

7
重复步骤5～6，编织的时候注意不要拉得过紧。

8
编织完成后将丝带绕一周，从下面穿到上面拉紧，制作完成。

记事本

只要粘贴上丝带，就能做出哪儿也买不到的个性记事本。
使用贴纸状的丝带操作更简单。

 材料

※可以使用自己喜欢的任何丝带
以图片左侧的笔记本为例

✂ 丝带

●贴纸装饰丝带（211-33·46）●保持音细线（9245-50）

制作方法

1
使用贴纸状的丝带时，
先揭下丝带背面的胶
纸。

2
选好位置，将丝带粘贴
在笔记本上。

3
使用普通丝带时，需
在长边的两端粘贴双
面胶。

4
揭下双面胶的胶纸，将
丝带粘贴在笔记本上。

5
使用细线状的丝带时，
需要使用热熔胶枪粘
贴。

圆珠笔

在笔的上部装饰小熊或小花朵，真是独一无二！将这样的笔插在夹克衫胸前的口袋里，
猛然间看到小熊或小花朵，会被人当作是胸花吧！

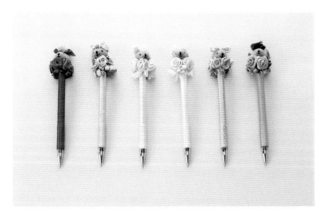

材料

❀ 丝带
●王冠带子（2610-026・037・003・611）
●迷你水玉带子（1472-44・20）

❀ 搭配材料
●小熊头（8018-21）

材料

❀ 丝带
●王冠带子（2610-094・417・038・053・057）
●迷你水玉带子（1472-37・23）
❀ 搭配材料
●珍珠玫瑰叶子 ●贴纸重复花式桃心 ●纸玫瑰

制作方法

1
在圆珠笔笔杆上粘贴双面胶。

2
一边揭下双面胶的胶纸，一边将丝带卷在笔杆上。

3
一直卷到笔杆的尾端，将多余的丝带剪下。

4
制作出蝴蝶结，将其用热熔胶枪粘贴在圆珠笔的上部。

5
将纸玫瑰等搭配材料或用"王冠带子"制作的玫瑰花等，按照自己的喜好随意搭配，粘贴在圆珠笔的上部。

铅笔盒

在生硬的铝制铅笔盒上，
装饰充满浪漫情调的蕾丝花。
冷峻又浪漫的设计，
对立的两种感觉，却意外地很相称。

材料
❀ 丝带
●蕾丝丝带桃心（4010-01）
❀ 搭配材料
●丝带玻璃纱玫瑰（6929-01·07·14）

制作方法

1
从"蕾丝丝带桃心"的两端抽紧铁丝，使丝带呈褶皱状。

2
制作出呈褶皱状的丝带。将多余的铁丝剪下。

3
在铅笔盒上，用热熔胶枪粘贴步骤2中呈褶皱状的丝带。

4
将"丝带玻璃纱玫瑰"用热熔胶枪粘贴在步骤3的丝带上。

笔筒

让家中剩余的筒状物变身成可爱的笔筒吧。
这里使用的是纸筒，也可以使用茶叶罐等。

材料
❀ 丝带
作品1：●纯棉全装饰（0041-26）●贴纸装饰雏菊（2195-23）
作品2：●纯棉全装饰（0041-14）●贴纸装饰雏菊（2195-07）
●贴纸重复花式花朵（2183-09）●圆圈细线（2186-07）
●格子（9770-07）

制作方法

1
将"纯棉全装饰"剪下"纸筒圆周+重叠的0.5cm"的长度。结合纸筒计算丝带的宽度。这里使用两片"纯棉全装饰"。

2
在纯棉全装饰的背面用牙刷涂抹胶水。

3
沿纸筒的最下端，将步骤2的材料一边拉伸一边粘贴。

4
纸筒剩余的上部用相同的方法粘贴。上面多余的丝带，用剪刀剪出牙口折向内侧。

5
揭下贴纸状丝带的胶纸。粘贴普通的丝带时可以使用双面胶。

1
2

花朵的
纸型

扩大复印至200%使用

⌐ 贺卡 ¬

一边在心里想着要赠送的人，一边装饰着贺卡，是很有情趣的。
将贺卡用到季节的问候中或是添加到礼物中吧。

将剪成四片花瓣形的丝
带，精心做成装饰花一
般的小花。

在小窗的背面粘贴
丝带，制作出迷你
花束粘贴在贺卡
上。然后按照自己
的喜好粘贴丝带。

材料

❀ 丝带
作品1：●纯棉全装饰（0041-01・33・46）
　　　　●王冠带子（2610-96）
作品2：●纯棉全装饰（0041-01）●王冠带子（2610-63）

❀ 搭配材料
共用●法国花心（6922-03）

材料

❀ 丝带
●谢阿带子（0218-07・14・03・19・44・16）
●玫瑰花环（9242-01・16）

❀ 搭配材料
●纸玫瑰
●丝带雏菊（6927-01）

✓制作方法ﾉ

1
将"纯棉全装饰"剪
成花形。4片按纸型
剪裁，1片比纸型剪
小一圈。片数可以按
照喜好调整。

2
将5片花瓣重叠，用
热熔胶枪粘贴。最
上面是小的一片。

3
在花的中央用热熔
胶枪粘贴花心。

✓制作方法ﾉ

1
需使用的是有很多小
窗的贺卡。将纸玫瑰
剪成一朵朵备用。

2
选择几朵纸玫瑰用铁
丝扎成束，放在宽的
丝带上。

3
将丝带从左右两侧向
中央捏紧，用铁丝固
定。将花束用热熔胶
枪粘贴在贺卡上。

磁铁

在小小的磁铁上，除了漂亮的蝴蝶结或双层蝴蝶结之外，
还粘贴了花蕾玫瑰、不织布小物等小装饰。

材料

※可以使用自己喜欢的任何丝带

❧ 丝带
● 双面带子

❧ 搭配材料
● 花蕾玫瑰（6838-16）
● 不织布小物
● 串珠小物

剪刀

在剪刀的把手部分，用钩针钩出网眼。
仿佛已对剪刀有了很深的爱意。

材料
✂ 丝带
作品1：●0.3cm 双面带子（1267-14）
作品2：●迷你水玉带子（1472-44）

制作方法

1
用丝带做一个圆环。

2
将圆环放在剪刀把手部分下。

3
用钩针钩住下面的丝带圆环。

4
同时钩住上面的2根丝带。

5
通过圆环钩出。

6
钩住丝带。

7
通过圆环钩出。重复上述步骤6~7，将剪刀的把手全部钩完。

胶带座

像穿上了蛋糕裙一样的胶带座。
抽紧丝带的铁丝，制作出褶皱。

材料

❀ 丝带
- 伊库西兹（3070-63）
- 尼斯（9121-05）
- 圆圈细线（2186-05）
- 琳达（3146-03）

❀ 搭配材料
- 藤蔓玫瑰

制作方法

1
抽紧伊库西兹一侧的铁丝，做出褶皱。

2
用双面胶将丝带粘在胶带座上，在丝带上再粘一层丝带。在胶带座的后部用热熔胶枪粘贴上带有花朵的蝴蝶结，制作完成。

转笔刀

花朵下贴有大量的蝴蝶结。
这样花瓣就被托起来，十分美观。

材料

❀ 丝带
- 王冠带子·优秀奖（1299-33·46·96）
- 纯棉全装饰（0041-33）
- 新丝绸光泽（0066-33）
- 牛奶精致玻璃纱（0051-46）
- 牛奶玻璃纱（0037-33）

❀ 搭配材料
- 法国花心（6922-11）

制作方法

1
将丝带剪裁成花瓣形。

2
将步骤1的花瓣重叠粘贴，中央用热熔胶枪粘贴花心。将花朵贴在转笔刀的上部，在花朵下贴四五个蝴蝶结，以能看到为宜。

首饰

蕾丝、雪纺、带子等材质的丝带，最适合制作华丽的首饰。从平时可以使用的胸针、项链，到特别的节日想要佩戴的装饰花，各种各样的首饰竞相出炉。

1

2

球球装饰花

用不同的丝带，制作相同结构的球球装饰花。
左边的装饰花是用叫作"金丝迷你球"的搭配材料制作的。
相比较而言，你更喜欢可爱绒毛球还是光泽质感球？

材料

作品1（金丝球的装饰花）

❧ 丝带

● 金丝迷你球（4325-01・03・05・16・33・38・43・61）
● 铁丝 ● 胸针底座3cm

╲ 制作方法 ╱

1
在铁丝的顶端涂抹胶水，将铁丝插入金丝迷你球。

2
将步骤1用热熔胶枪粘贴到胸针底座上。

3
观察整体的平衡，粘上全部的金丝迷你小球，再加上蝴蝶结作为亮点，制作完成。

材料

※可以使用自己喜欢的任何丝带
作品2（丝绸光泽和白色泡沫球的装饰花）

❧ 丝带

● 新丝绸光泽（0066）

❧ 搭配材料

● 白色泡沫球 1.2cm（1085-00） ● 胸针底座3cm
● 铁丝 30号

╲ 制作方法 ╱

1
将丝带裁剪出边长3.6cm的正方形。

2
将裁剪好的丝带全部涂抹胶水，在中央放置白色泡沫球。

3
趁胶水没干时迅速用丝带将白色泡沫球包住，并拧紧上端。

4
用铁丝扎紧。

5
胶水干透后，上方留出一点铁丝，其余剪掉。

6
在剪过的部分用锥子扎洞。

7
在铁丝的顶端涂抹胶水，将铁丝插入洞中。多余铁丝剪掉。

8
步骤7加了铁丝的小球用热熔胶枪粘贴到胸针底座上。

9
观察整体的平衡，粘上全部的小球，制作完成。各个小球的铁丝长度不宜相同，长短不一更显得可爱且有动感。

多层装饰花

将丝带细密地剪开再一层层卷起来的简单装饰花。
轻松休闲风格的装饰。

1

2

材料 ❀ 丝带
作品1：●纯棉全装饰（0041-01・14・26）
作品2：●纯棉全装饰（0041-19・04・35）

制作方法

1 将丝带剪下10cm长，在中央折叠，在长的一边粘贴双面胶。

2 将双面胶的胶纸揭下后粘贴合并。

3 在贴合后的上面再粘贴双面胶。

4 从与步骤3相反的一边，间隔0.1cm左右剪出牙口。

5 按步骤1~4的方法，制作出3色丝带。

6 揭下花心部分丝带的双面胶胶纸，从一端开始卷丝带。

7 将下一根丝带叠压在步骤6上继续卷。全部卷完后，将第3个颜色的丝带以相同的方法重叠卷起。

8 多层装饰花制作完成。

百褶装饰花

用带有褶皱的丝带制作而成的装饰花。
手包的形状很可爱，婚礼上也可用作糖果盒。

✂ 丝带

●百褶丝带（2197-02） ●王冠混合Ⅱ（9209-03）
●0.3cm 双面带子（1267-07）

制作方法

1 将百褶丝带剪裁下20cm，备用。

2 将丝带露出的细线从两端拉紧。

3 将拉紧的细线打结。

4 两手打开，对折。

5 捏住重合的顶端，将两端打开。

6 打开的样子，调整美观。

7 在中央用热熔胶枪粘贴。

8 将作为把手的丝带裁剪为20cm长，用热熔胶枪粘贴在步骤6材料的内侧。

9 装饰的搭配可自由选择。将搭配材料的花朵、蝴蝶结等用胶枪粘贴。

10 制作完成。

渐变花瓣装饰花

使用锯齿形的"渐变花瓣丝带"制作的装饰花。
乍看好像很难,一旦制作起来才知道这样的形状其实很简单。

 材料

※右侧的"制作方法"中使用的材料

❀ 丝带
● 渐变花瓣丝带(2158-43)
● 0.3cm 双面带子(1267-03・21・43)

❀ 搭配材料
● 花蕊

制作方法

1
将渐变花瓣丝带的细线从两端拉紧。

2
将两端的细线打结,多余的细线剪断。丝带的两端用双面胶粘贴。

3
制作蝴蝶结,用热熔胶枪粘贴在步骤2花朵的中央。

4
用热熔胶枪来粘贴花蕊。

5
制作完成。

蔬菜胸针/水果胸针

小巧可爱的蔬菜胸针和水果胸针，
可以别在简单的毛衫或T恤上，
也可作为毛线帽子或围巾的装饰。

P51蔬菜胸针/水果胸针

草莓萼片的图纸
扩大复印至200%使用

草莓

 材料

❀ 丝带
果实：●新丝绸光泽（0066-55）
萼片：●新丝绸光泽（0066-28・29）
茎：●新丝绸光泽（0066-28）

❀ 搭配材料
●花铁丝（26号・30号）
●玫瑰芯・小

制作方法

1
制作果实。在裁剪成边长7.2cm的正方形丝带上涂抹胶水，在中央放置玫瑰芯。

2
迅速包裹，将丝带的四角拉伸扭紧，用30号铁丝扎紧。多余的丝带和铁丝剪掉。

3
制作萼片。将裁剪为3.6cm的丝带按纸型剪裁（每色1片）。将2片丝带贴合，趁胶水还没干的时候将顶端捻一下。

4
果实和萼片用胶水贴合。萼片中央用锥子扎洞。将作为茎的丝带卷在26号铁丝上，铁丝顶端涂抹胶水插入洞中。用签字笔在果实上画出黑点。

豌豆

 材料

❀ 丝带
豆荚：●新丝绸光泽（0066-05）
●玻璃纱（0061-05）
果实和萼片：●玻璃纱（0061-05）

❀ 搭配材料
●白色泡沫球1.5cm（1086-00）
●铁丝30号

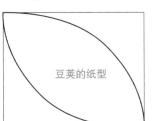

豆荚的纸型

扩大复印至200%使用

萼片的纸型

制作方法

1
制作果实。将丝带裁剪成边长3.6cm的正方形，在上面涂抹胶水，中央放置白色泡沫球。

2
迅速包裹，将丝带的四角拉伸扭紧，用铁丝扎紧。只制作出需要的数量即可。

3
将多余的丝带和铁丝剪掉。

4
制作豆荚。将制作豆荚用的两种丝带裁下9cm长，用胶水贴合，按纸型剪下。

5
制作萼片。将制作萼片用的丝带按纸型剪出2片。

6
趁豆荚的胶水还没干，将边缘向内折0.8cm左右，制作出形状。

7
在步骤2的果实下面和左右两侧涂抹胶水，排列在豆荚中央，盖住豆荚。在步骤5的萼片上涂抹胶水，贴在豆荚的顶端。

水萝卜

材料

❀ 丝带

果实：●新丝绸光泽（0066-16・55）
叶子：●新丝绸光泽（0066-28・41）

❀ 搭配材料

●玫瑰芯・小
（也可使用白色泡沫球2.5cm）
●铁丝26号

西瓜

材料

❀ 丝带

瓜瓤：●新丝绸光泽（0066-16・55）
瓜皮：●新丝绸光泽（0066-28・29）
瓜子：●新丝绸光泽（0066-41）

❀ 搭配材料

●白色泡沫球5cm（1091-00）

辣椒

材料

❀ 丝带

果实：●新丝绸光泽（0066-16・55）
萼片：●新丝绸光泽（0066-28・41）
茎：●新丝绸光泽（0066-28）

❀ 搭配材料

●手工棉 ●铁丝26号

✄ 制作方法 ✄

1 制作果实。制作果实用的两色丝带裁剪成边长为7.2cm的正方形，用胶水贴合，在正中间放置白色泡沫球。迅速包裹，丝带的四角拉伸扭紧。

2 制作叶子。将制作叶子用的两色丝带裁剪成2.4cm×7.2cm，按纸型剪裁。将铁丝夹在叶子形的丝带中用胶水贴合。趁胶水还没干的时候拧紧，再打开。制作6片叶子。

3 在果实的中央用锥子扎眼。将6片叶子扎成一束，涂抹胶水后插入洞中。

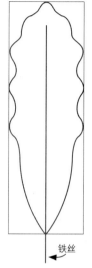

← 铁丝

水萝卜叶子的纸型

✄ 制作方法 ✄

1 制作果实。将白色泡沫球的1/4切下使用。制作瓜瓤用的两色丝带裁剪成边长为7.2cm的正方形，用胶水黏合。在正中间放置切好的白色泡沫球，覆盖瓜瓤以外的多余丝带剪掉。

2 将制作瓜皮用的两色丝带裁剪成10cm×7.2cm，用胶水黏合。迅速放上瓜瓤，将丝带贴在瓜皮的部分。剪掉多余的丝带。

3 将制作瓜子用的丝带剪成小三角，用胶水粘贴在瓜瓤部分。

✄ 制作方法 ✄

1 制作果实。在铁丝上涂抹胶水，卷上手工棉，做成辣椒的形状。辣椒长为7cm左右。

2 将制作辣椒用的同色系的两色丝带，剪裁成图片中的形状后粘贴，涂抹胶水将步骤1做成的部分包裹住。

3 扭转丝带，卷起来。

4 在茎上卷上丝带。

5 制作萼片。裁剪出边长3.6cm正方形的丝带，按P52的草莓萼片的纸型剪裁（每色各1片）。将两片萼片贴合，在中央用锥子扎眼，穿过茎，贴在果实上。

53

1

2

3

编织手机链

将2根丝带像丝带花环一样进行编织制作。
也可以制作成胸针的模样作为洋装的装饰亮点，看起来十分可爱。

材料

❀ 丝带
作品1：●0.3cm 双面带子（1267-27·39）
作品2：●羽毛花边Ⅱ（6781-01·41）
作品3：●0.3cm 双面带子（1267-05·29）

❀ 搭配材料
●石栗（6118-00）

❀ 制作方法 ❀

1
将作为手机链中央的丝带向上，做一个圆环。

2
左下的丝带插入圆环中。

3
拉伸插入圆环的丝带。

4
拉紧丝带。

5
右侧的丝带做成圆环。

6
插入左侧的圆环中。

7
拉紧左侧丝带。

8
左侧丝带做成圆环。

9
步骤8的圆环插入右侧的圆环中，右侧的丝带拉紧。

10
重复步骤5~9，编出需要的长度。

11
编好的丝带围成圆形时，可以使用钩针。将编完的丝带插入最开始的一针。

12
两端的丝带打结。

13
将石栗穿过丝带，制作完成。

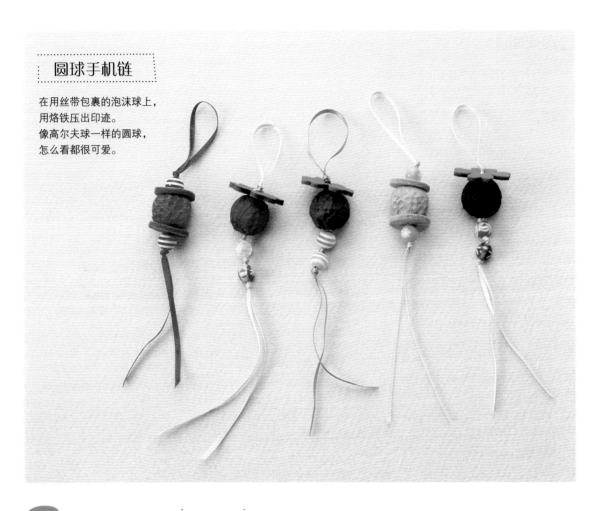

圆球手机链

在用丝带包裹的泡沫球上，
用烙铁压出印迹。
像高尔夫球一样的圆球，
怎么看都很可爱。

材料

※可以使用自己喜欢的任何丝带

✂ 丝带
● 0.3cm 双面带子
（1267-86・14・08・03・02）
● 新丝绸光泽
（0066-43・58・22・05・10）

✂ 搭配材料
● 白色泡沫球 2.5cm（1088-00）
● 不织布扣子 ● 珠子

制作方法

1
将新丝绸光泽丝带剪
裁成边长为7.2cm的
正方形，涂抹胶水，
包裹住白色泡沫球。

2
用烙铁用力压下，
制成压花。

3
将在步骤2中制作圆球
的多余丝带剪掉，用锥
子在中央扎洞。将不织
布扣子和珠子自由搭
配，穿过丝带。

4
制作完成。

圆球项链

大人孩子都适合佩带的项链，让人爱不释手。
制作方法和P56的圆球手机链相同。

材 料

※可以使用自己喜欢的任何丝带

✂ 丝带
● 新丝绸光泽
（0066-15·47·68）
● 0.3cm 双面带子（1267-08）
● 保持音细线（9245-65）

✂ 搭配材料
● 白色泡沫球
1.5cm(1086-00)·2cm（1087-00）
● 不织布扣子
● 珠子

梳子形发夹

将各式各样的丝带打成蝴蝶结，
贴在发卡上大朵的人造花周围。
华丽的发型就要登场啦。

材 料

✂ 丝带
作品1：● 谢阿带子（0194-33·16）
作品2：● 初音（2215-18·41）

✂ 搭配材料
● 人造花

1

2

发卡

在U形针上，粘贴叠压数片玻璃纱丝带制作而成的花朵。
在盘起的头发上，多插几支试试吧。

材料

🎀 丝带
作品1和3：●丝绸花式玻璃纱（0051-23・61）
作品2：●丝绸花式玻璃纱（0051-03・43）

🎀 搭配材料
●花蕊

制作方法

1
将两色的丝带分别剪裁成边长7.2cm的正方形。

2
2片重叠，对折2次。

3
剪成4片花瓣的花朵。

4
用锥子在中央扎洞。

5
合拢3个花蕊，涂抹胶水，将铁丝穿过洞。将多余的铁丝剪掉。

6
将花瓣错开整形，用热熔胶枪将花瓣粘贴在U形针上。

7
制作完成。

发夹

花朵中央的大白球给人强烈的视觉冲击。
制作这个圆球的重点，是要用湿布逆向将丝带打毛，产生独特的效果。

制作方法

1
纯棉全装饰丝带用胶水贴合。

2
按纸型剪出花瓣的形状（5片）。

3
白色泡沫球切掉1cm左右，做出一个平面。

4
贴纸丝带裁剪成边长为7.2cm的正方形，在中央放置白色泡沫球。

5
拉伸丝带的四角，包裹泡沫球。剪掉褶皱部分和多余的丝带。

6
用湿布擦拭圆球，逆向打毛。

7
用热熔胶枪将花瓣粘在一起，形成花形。

8
用热熔胶枪在花朵中央粘贴圆球。

9
用热熔胶枪将花朵粘贴在发夹上，制作完成。

材料

✂ 丝带
作品1：●纯棉全装饰（0041–16·41·55）
●贴纸丝带（0047–01）
作品2：●纯棉全装饰（0041–17·46·47）
●贴纸丝带（0047–01）

✂ 搭配材料
●白色泡沫球 2.5cm（1088–00）

花瓣的纸型

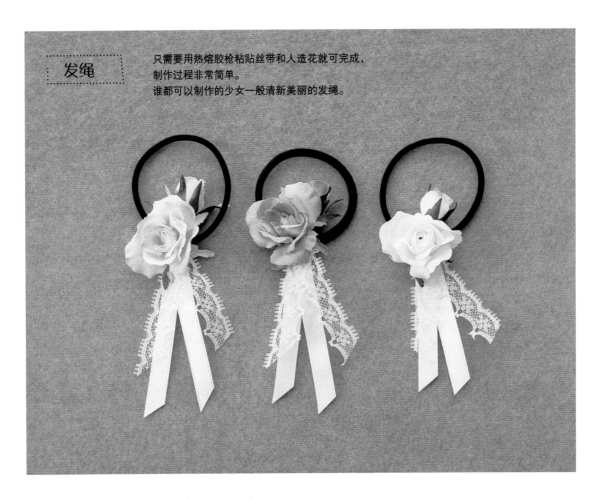

发绳

只需要用热熔胶枪粘贴丝带和人造花就可完成，
制作过程非常简单。
谁都可以制作的少女一般清新美丽的发绳。

材料

✿ 丝带
●王冠带子 优秀奖（3506-202）
●贵族蕾丝（0141-01）

✿ 搭配材料
●藤蔓玫瑰（4809-03·20·01）

制作方法

1
将贵族蕾丝纵向剪成
两半。

2
用热熔胶枪将人造花
粘贴在丝带上。

3
丝带挂在皮筋上，用
热熔胶枪粘贴。

4
制作完成。

发圈

用玻璃纱或蕾丝丝带制作的情调格外浪漫的发圈。
最适合搭配飘逸的甜美连衣裙了。

1

2

3

P61的发圈

材料

✂ 丝带
作品1：●小教堂蕾丝（0142-00）●爱雷纳雷斯（0105-14）
作品2：●调和色玻璃纱（0273-40）
作品3：●0.3cm 双面带子（1267-01）

制作方法

1
将两种丝带重叠，像运针一样将皮筋穿过丝带上的洞。

2
将两种丝带捏起褶皱，皮筋两端扎紧。

制作方法 ※图片下用相同方法

1
丝带对折，放在皮筋圈下。

2
丝带中插入钩针，钩住左侧的丝带。

3
通过圆环拉出。

4
右侧的丝带钩在钩针上。

5
通过圆环将丝带拉出。

6
重复步骤2~5，用网眼编织方法编织，绕皮筋圈1圈。

7
网眼编织完1圈后，钩2针链式编织。

8
第2圈（第2行）加入3针网眼编织。钩织1圈后，钩2针链式编织。

9
重复3次步骤2~8，制作完成。

甜点

从代表着甜点的蛋糕到品相诱人的日式点心，应有尽有。虽然不能吃，但这些制作精巧的甜点总让人忍不住想去咬一口。一起来享受这甜美的世界吧。

圣代

在冰激凌上堆满奶油、
水果、果冻……真是一款丰盛的圣代。
制作出自己喜欢的果子，
把它们统统盛进来吧。

冰激凌

 材料 香草冰激凌

❀ 丝带
- ●新丝绸光泽（0066-01·61）

❀ 搭配材料
- ●白色泡沫球 5cm（1091-00）

∖制作方法╱

1 将白色泡沫球切下一半备用。将两色的丝带剪裁成边长12cm的正方形，准备粘贴。

2 将两色的丝带用胶水黏合后，包裹切成一半的白色泡沫球。为了营造出将融化的感觉，这时要特意捏出褶皱。

3 制作技巧是像做饭团一样贴合。

4 仿佛要融化的香草冰激凌制作完成。

奶油

 材料 巧克力奶油

❀ 丝带
- ●新丝绸光泽（0066-21）

❀ 搭配材料
- ●手工棉 ●铁丝28号

∖制作方法╱

1 在铁丝上涂抹胶水，卷上剪裁成1cm宽的手工棉。

2 卷好后如图所示。

3 将丝带剪成一半宽。

4 在剪好的丝带上涂抹胶水，放上卷好棉花的铁丝，像卷寿司一样卷起来。

5 趁胶水还没干的时候，两手一边挤压，一边制作成卷曲的形状。

6 巧克力奶油制作完成。

果冻

 材料 绿色

❀ 丝带
- ●新丝绸光泽（0066-05）

❀ 搭配材料
- ●泡沫塑料

∖制作方法╱

1 将泡沫塑料切成细长条。

2 在丝带上涂抹胶水，贴在步骤1中切好的泡沫塑料的3面。

3 切成立方体。

4 在白色部分的3面贴上丝带。

5 果冻制作完成。然后按照相同方法，用各色丝带进行制作。

※参考P52~P53，制作草莓、西瓜等，把它们统统盛进来吧

65

蛋糕

最美味的蛋糕，草莓裱花蛋糕。
将8块组合在一起，就成了豪华版的大蛋糕。
裱花蛋糕是一个储物盒，里面可以收纳小物。

材 料

蛋糕的海绵糕底部分
巧克力蛋糕

✯ 丝带

● 纯棉全装饰（0041-35）

✯ 搭配材料

● 蛋糕形盒子

制作方法

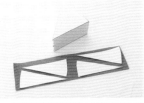

1 将丝带按纸型剪裁（覆盖在盒子表面和底面的两个部分）。

2 侧面的丝带长度，是盒子侧面1圈加重叠的长度。

3 在步骤2中的丝带上用牙刷涂抹胶水。

4 沿盒子侧面的下侧，拉伸丝带粘贴，注意不要起褶。

5 将弧形部分多余的丝带剪出牙口以备折叠。

6 折叠后，将重叠的部分剪掉。

7 折好后如图所示。

8 在盒子的上面粘贴在步骤1中剪裁好的丝带。底面也以相同方法粘贴。

9 待胶水完全干透时，将盒子开口处的丝带切开。

蛋糕的纸型

※海绵糕底上的装饰，可参见P52草莓的制作方法
也可以将P65圣代的材料等制作出来进行装饰

夹心巧克力

松露巧克力、白巧克力、焦糖巧克力等味道丰富的巧克力。
试着来制作各种形状、各种味道的夹心巧克力吧。

制作方法

1 准备泡沫塑料。

2 将泡沫塑料切成合适的大小。

3 削去棱角，修整成夹心巧克力的形状。

4 在纯棉全装饰丝带的背面涂抹胶水，覆盖在步骤3材料的表面上。

5 将两端丝带的正中央向内压，贴合平整。

6 将多余的丝带剪掉。

7 将纯棉全装饰丝带剪成夹心巧克力底部大小，粘贴。

8 将新丝绸光泽丝带剪成0.3cm宽，涂抹胶水。将其卷在铁丝上。

9 将步骤8中卷好的铁丝用热熔胶枪粘在夹心巧克力上，做成装饰（制作出形状）。

10 制作完成，如图所示。装饰可以按照自己的喜好进行搭配。

可以仿照真的夹心巧克力，试着制作各种形状的巧克力

日式点心

典雅又漂亮的三种日式点心。
作品1：蛋黄时雨点心的制作方法
　　　参见P65的冰激凌
作品2：点心的制作方法参见P20
　　　的装饰球
作品3：丸子的制作方法参见P59
　　　发夹上花的中央部分

材料

❀ 丝带
作品1（蛋黄时雨点心）：
●纯棉全装饰（0041-04）
作品2（点心）：
●纯棉全装饰（0041-61）
作品3（丸子）：
●纯棉全装饰（0041-14・61・30）

❀ 搭配材料
作品1和2：●白色泡沫球 6cm（1092-00）
作品3：●白色泡沫球 2.5cm（1088-00）●竹签

关于使用的丝带

包裹白色泡沫球，或是制作装饰花一样的花朵时，宽度合适而且用起来顺手的就是7.2cm宽的"**手工用丝带**"；"**礼品用丝带**"有带铁丝的或是有光泽的等，种类最为丰富；"**贴纸状丝带**"只要揭掉胶纸粘贴，就可以作为装饰使用，非常方便；如果不想被人发现丝带的材质，不妨使用造型简单的绳子状的"**细线状丝带**"吧。

手工用丝带

①贴纸丝带（0047-37）
②贴纸隐条（0048-31）
③丝绸精致玻璃纱（0051-46）
④新丝绸光泽（0066-058）
⑤新丝绸光泽（0066-05）
⑥渐变花瓣丝带（2158-43）
⑦拉比昂（0051-39）
⑧纯棉全装饰（0041-53）
⑨纯棉全装饰（0041-26）
⑩百褶丝带（2197-02）

礼品用丝带

①马斯卡斯带铁丝（3078-16）

②桃心玻璃纱（1613-38）

③舞步条纹带铁丝（3118-43）

④编织中央格子带铁丝（3028-93）

⑤斑马带铁丝（3107-21）

⑥伊补利奴颜因塞其阿带铁丝（9152-07）

⑦条纹棱纹（0380-38）

⑧提花桃心（0213-78）

⑨花朵棱纹（0381-14）

⑩0.3cm双面带子（1267-10）

⑪金丝两面珍珠带子（1736-18）

⑫0.3cm双面带子（1267-03）

⑬卢浮宫带铁丝（9110-38）

⑭王冠带子（2615-74）

贴纸状和细线状丝带

①瞿麦（1997-37）

②保持音细线（9245-22）

③贴纸装饰雏菊（2195-44）

④贴纸突出花式花朵（2183-43）

⑤贴纸突出花式玫瑰（2182-37）

⑥贴纸突出花式桃心（2184-16）

⑦天鹅绒贴纸装饰（2177-16）

⑧贴纸装饰丝带（2111-33）

⑨圆圈细线（2186-05）

⑩绿色藤蔓（2134-05）

常用的丝带打结方法

作为本书中生活小杂物装饰重点的"蝴蝶结"，极为常用，即使是初学者也能轻松完成。

1 尾部留出5~6cm，拿在手里。

2 将丝带呈90°叠加，形成一个圆环。

3 将叠加的部分用一只手捏住，另一只手拿在圆环的中央，两只手中的丝带在圆环中央重合。

4 将铁丝呈U形插在中央。

5 抽紧铁丝，形成褶皱。

6 铁丝要抽紧，使丝带紧紧扎在一起。拧紧铁丝，在丝带中央的背面拧住。

7 将多余的丝带和铁丝剪掉，制作完成。

工 具

用于剪切、粘贴、扎洞等工序。
用丝带制作杂货或进行装饰时，需要准备的工具。

剪刀
剪裁丝带或纸张时使用。建议选用自己合手易用的剪刀。

手工剪刀
剪切铁丝或人造花等硬物时使用。

美工刀
切割白色泡沫球、泡沫塑料时使用。

木工用胶水
贴合丝带时使用。这种胶水易干，需要快速操作。

双面胶
粘贴丝带时使用。

热熔胶枪
放入胶棒后加热，成为液体状的黏合剂且能挤压而出的黏合工具。可以快速地黏合，使用方便。

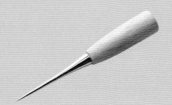

锥子

为丝带、白色泡沫球等扎洞时使用。将丝带埋入白色泡沫球的切口时，也可使用。

烙铁

给丝带制造线条或图案时使用。本书中只在制作圆球彩带和圆球项链时用到。

牙刷

在宽幅的丝带上涂抹胶水时使用。比起手指，能更均匀更快速地涂抹。

搭配材料

介绍本书中常用的搭配材料，如球体的白色泡沫球、蛋糕海绵糕底部分的模型、使装饰更为华丽的人造花等。

蛋糕形盒子

纸制盒子。有三角形、长方形、圆形等，是与实物蛋糕形状相同的盒子。

白色泡沫球

尺寸很多。在本书中的装饰球、球球装饰花等多种杂货制作过程中都曾用到。

泡沫管

在本书中装饰衣架使用的管状物。泡沫管本来是作为捆包材料使用的。

首饰小物

不织布扣子、珠子等，用于首饰装饰。
可以根据自己的喜好，准备各种各样
的小物品。

人造花

只要加上一朵人造花，就能增添几分华
丽的感觉。与丝带一起搭配使用吧。

纸筒

本书中作为笔筒的模型使用。如果
找不到纸制的，用铝罐或玻璃罐等
也可以。

铁丝

用丝带包裹白色泡沫球收尾或蝴蝶结收
尾时都会用到。因为有不同粗细，可根
据用途选用。

TITLE：［リボンでつくるデコレーション雑貨］

BY：［長谷 惠］

Copyright © 2009 Megumi Hase

Original Japanese language edition published by Seibundo−Shinkosha Publishing Co., Ltd.

All rights reserved. No part of this book may be reproduced in any form without the written permission of the publisher.

Chinese translation rights arranged with Seibundo−Shinkosha Publishing Co., Ltd., Tokyo through Nippon Shuppan Hanbai Inc.

日本株式会社诚文堂新光社授权河南科学技术出版社在中国大陆独家出版发行本书中文简体字版本。

著作权合同登记号：图字16—2011—107

图书在版编目（CIP）数据

零针线也能玩的创意手工 /（日）长谷惠著；刘晓冉译. — 郑州：河南科学技术出版社，2013.6
ISBN 978−7−5349−6125−0

Ⅰ.①零… Ⅱ.①长… ②刘… Ⅲ.①手工艺品 – 制作 Ⅳ.①TS973.5

中国版本图书馆CIP数据核字(2013)第043062号

策划制作：北京书锦缘咨询有限公司（www.booklink.com.cn）
总 策 划：陈 庆
策　　 划：李 伟
版式设计：季传亮

出版发行：河南科学技术出版社
　　　　　地址：郑州市经五路 66 号　　邮编：450002
　　　　　电话：（0371）65737028　65788613
　　　　　网址：www.hnstp.cn
责任编辑：刘 欣　刘 瑞
责任校对：李 琳
印　　 刷：北京博艺印刷包装有限公司
经　　 销：全国新华书店
幅面尺寸：185mm × 210mm　　印张：3.5　字数：120千字
版　　 次：2013年6月第1版　　2013年6月第1次印刷
定　　 价：23.80元